根っこの ふか～い世界

監修　千葉大学 中野明正

編集協力　根研究学会　　制作・文　小泉光久

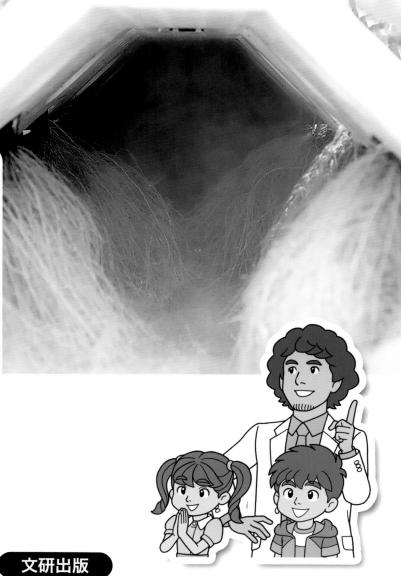

文研出版

はじめに

千葉大学 教授　**中野明正**

　パソコンやスマートフォンが当たり前の時代、今や人工知能が人類の未来に大きく影きょうをあたえ、宇宙旅行の可能性すら見えてきました。めまぐるしく社会は発展します。いっぽうで、みなさんの足元には、まだまだ未知の世界が広がっているのです。

　季節ごとに色を変える木々や道路わきの草花、田んぼのイネや畑の野菜、果物など、土の上の植物たちのすがたは私たちの目に入り、私たちを楽しませますが、その下はどうなっているのでしょうか？

　たとえば学校の清掃活動で、校庭の草ぬきなどをすることもあるでしょう。「意外とぬけない！草取りもたいへんな作業だなあ…」と思いながら、ひたいに汗したことでしょう。その時にまじまじと根を観察したり、根について考えたりしたことはなかったでしょう。それは、作業はつらく、一見、根は色もはなやかでなく、美しさに欠けるように見えるからです。

　ここで立ち止まって考えてみてください。「根はいったい何をしているのだろうか？」、「私たちの生活、具体的には、食べものと関係があるのだろうか？」と。

　ここでひとつ質問です、「根っこはくらしに役だっているの？」。本書は、このような疑問に答える形で、根のふしぎを伝えていくことを目的としています。

　こんなとても身近な足元に広がる未知の世界をみんなで探検してみませんか。

　この巻は、根っこと私たちの社会や歴史とのつながりについて、より深く理解できる構成になっています。また、『根っこのふしぎな世界』全4巻で見てきた根っこについても、図鑑として全体を見わたせるようにコンパクトに紹介しています。もっと根の深い世界を知ってください。

　このシリーズは、根っこの研究をしている根研究学会の先生方が、土の中で広がっている根っこについて、みなさんの疑問に答えます。みんなに話したくなる、意外なふしぎを発見してください。

根研究学会（Japanese Society for Root Research）：1992年に「根研究会」として発足し、2013年に「根研究学会」と改称しました。通称は「根研」、英語の略称は「JSRR」です。国内外あわせて約300人の会員が参加しています。植物の根や、根に関連した土壌・農業・環境保全などに関心をもつ人々の情報交換の場を提供するとともに、国内外の根の研究の発展に寄与しています。

もくじ

植物は根っこが支えている！

植物のからだのつくりはどうなっているの？

葉っぱと茎と根っこでできているよ。

植物はどうやって成長するの？

光と水、空気、養分*で成長するよ。

*養分には、植物が自分でつくり出す養分（糖）と土（環境）から吸収する養分（肥料）があります。

葉っぱ

●植物が生きていくために必要な養分を、水と空気、太陽の光エネルギーを使ってつくります。

茎

●茎の中には、空気や水、養分の通り道があります。

葉からの養分の通り道
根からの養分と水の通り道

根っこ

●植物のからだ全体を支えています。
●水や養分をすいあげています。
●土の中にいるいろいろな生き物と助け合っています。

養分はどこからとっているの？

葉っぱでつくった養分と、土の中にある養分を使っているよ。

植物はどうやって水と養分を運んでいるの？

茎と根っこにあるそれぞれの通り道を通って運ばれるよ。

根っこはどんな形なの？

植物の種類や土の中の環境でいろいろな形があるよ。

根っこには大きく❶と❷の二つの形がある

❶

細い根がひげのように出る（イネの根）。

❷

まん中の太い根から細い根が出る（ハクサイの根）。

根っこにはほかにもいろいろな形がある

シロツメグサ。

ナス。

クロマツの根（深さ2.4m）。

写真提供／名古屋大学　平野恭弘

植物は、ほかの生き物とちがって動くことができないよ。

じゃ、どうやって生きているんですか？

土にしっかり根をはって、エネルギーは葉っぱでつくるんだ。

すごいですね！

もう一つ、たいせつなことは、環境に合わせて生きる力だよ。

？

根っこを観察するとよくわかるよ。この本をしっかり読んでね。

ハーイ。

根研究学会の先生がみんなの質問に答えてくれるよ！

楽しみ！

① 根っこと文化はかかわりがあるの？

千葉大学 教授　中野明正

漢字の「根」にはどんな意味があるの？

漢字の根は、植物の形をあらわす「木」と、人の目をあらわし、「とどまる」の意味をもつ「艮」から成り立っているといわれています。

読み方
音：こん
訓：ね

根

植物の木の形を
あらわす

人の目をあらわし、
とどまるの意味をもつ

根には、①植物の根、②よりどころ、③はじめ・もと、④もともとそなわっている性質などの意味があり、ほかのことばと組み合わされていろいろな使い方がされています（下図参照）。

意味と使い方

● 植物の根＝地中にあって、植物に必要な水や養分を吸収し、植物のからだを支える

● よりどころ＝根きょ（物事の意味やうらづけ）、根も葉もない（根きょがない）

● はじめ・もと＝根本（物事のいちばんもとになっているもの）、根幹（物事の主要な部分）、根治（病気などをもとから直すこと）

● もともとそなわっている性質＝根性（人の本性）、根はいい人、根を下ろす、根がくさっている、根深い

＊赤字：意味。

資料／『大漢和辞典』（大修館書店）、『大辞泉』（小学館）、『くもんの学習国語辞典』（くもん出版）

根っこは人の心にどううつったの？

地中にあって、ふだんは見ることがない根ですが、和歌や俳句、詩、歌のテーマとして多くの作品が伝えられています。

フィンセント・ファン・ゴッホ＊の最後の作品「木の根」や、アニメ映画「天空の城ラピュタ」のラストシーンにも根がえがかれています。

＊フィンセント・ファン・ゴッホ：オランダの画家。

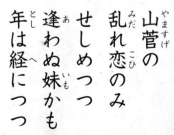

山菅の
乱れ恋のみ
せしめつつ
逢わぬ妹かも
年は経につつ

山菅の根。複雑にからみ
あっています。

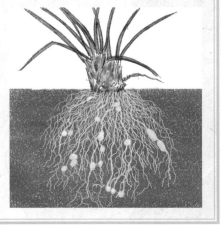

万葉集＊には、柿本人麻呂＊がよんだ歌（左・意味「恋しているのに会ってくれない妹（あの娘）、年が過ぎていくのに」）など、山菅をテーマにした和歌がいくつかあります。万葉集における「山菅」は、複雑にからみあっている山菅の根をイメージして、「思い乱れる」の意味で使われています。

＊万葉集：7～8世紀にかけて編さんされた歌集で約4500首がおさめられています。

＊柿本人麻呂：飛鳥時代の歌人。

根

漢字の根には、いろんな意味や使い方があるんだよ。調べるとおもしろいよ。

そういえば、この前、「根性がすわっているね」って言われました。

すごいほめことばだね。

こんなふうにふだんよく使われている「根」は、昔から人の心をとらえていたんだ。

万葉集や俳句、詩、絵など、たくさんの作品が残っているよ。

土の中で、じっと植物を支えている根っこに、自分の心や社会をうつしているんですね。

そうだね。いつの世でも、根っこのようにえんの下の力が人の心を打つんだね!

ゴッホの最後の作品「木の根」。この絵がえがかれたのは1890年7月27日といわれ、ゴッホは、その2日後に死んでいます。左右の青くかかれた部分が根と思われますが、どんな思いでこの作品をかいたのか、よくわかっていません。生前はあまり有名ではなかったのですが、後の世にだれもが知る画家になったゴッホと根に、なにか通じるものを感じます。

花を支える枝　枝を支える幹　幹を支える根　根はみえんだなあ　みつを

提供／相田みつを美術館

相田みつを*の書「花を支える枝　枝を支える幹　幹を支える根　根はみえんだなあ」。日本人は、国際的にみるとがまん強く静かといわれ、根に共感する民族なのかもしれません。この書から、根がえんの下の力持ちとして、ねばり強く生きることを伝えているように感じられます。
*相田みつを（1924〜1991年）：書家・詩人。

科学と根っこは通じている？

　ノーベル物理学賞*受賞者の朝永振一郎*の言葉に「ふしぎだと思うこと、これが科学の芽です。よく観察してたしかめ、そして考えること、これが科学の茎です。そうして最後になぞがとける、これが科学の花です」があります。
　科学のプロセスを植物にたとえた名言ですが、根が出てこないのは不思議です。
　やはり根はえんの下の力持ちで表には出ないのでしょう。科学を根底で支えるきそ的な知恵が、「根」に相当するのではないでしょうか。

*ノーベル物理学賞：ダイナマイトの発明者のアルフレッド・ノーベルの遺言によってつくられたノーベル賞の6部門のうちの一つ。
*朝永振一郎：1906年〜1979年。日本の物理学者。理学博士。

②根っこは、日本人の食生活を豊かにしたの？

文／作家　小泉光久

根っこが食べられてきた歩みは？

植物は、土の中に茎（地下茎）や根をのばして、からだを支え、水や養分を吸収しています。

この地下茎や根に、葉でつくられた糖が送られて大きくなります。そのため、そこにはたくさんの栄養がつまっています。

人間は、この栄養たっぷりなサトイモやダイコン、カブ、ニンジンなどを食べものとして古くから利用してきました。なかでもサトイモは、米より早く、日本に伝わったといわれています。

その後、下図のようにいろいろな地下茎や根を利用した食べものが伝わり、主食や野菜、薬として利用してきました。

おもな地下茎・根っこを利用する食べものの歩み

●原始時代 旧石器・縄文・ 弥生時代 サトイモなど	●古代 古墳・飛鳥・奈良・ 平安時代 ダイコン、カブなど	●中世 鎌倉・室町・戦国・ 安土桃山時代 ジャガイモ	●近世 江戸時代 サツマイモ	●近・現代 明治時代〜現在 タマネギ
サトイモの利用が始まる	多くの種類が伝わり、野菜や主食として利用	野菜としての利用が広がり、料理の方法もくふうされた		新しい品種がつくられる。洋風料理やおやつにも利用

●古代までに伝わった土の中にできる食べもの

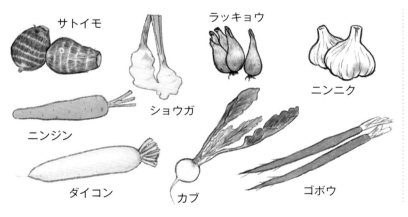

サトイモ　ラッキョウ　ショウガ　ニンニク　ニンジン　ダイコン　カブ　ゴボウ

●中世以降に伝わった土の中にできる食べもの

ジャガイモ　サツマイモ　タマネギ

根っこはどのように利用されてきたの？

土の中にできる食べ物は、野菜や主食に使われ、薬（次ページ参照）にもなっています。

サトイモは、米より早く日本に伝わり、主食でした。古代に伝わったダイコンやカブは、野菜としての利用と、米やアワ、ヒエなどとまぜて主食をおぎなう食べものにもなっていました。

その後、伝わったジャガイモやサツマイモも、野菜や主食として利用されています。

江戸時代になると、これらのイモ類やダイコン、カブは、野菜としてさかんに町中で売られるようになり、和食*の欠かせない食材となっています。

*和食：次ページ「ことばの解説」参照。

いろいろな根っこの料理

ニンジンやレンコン、ゴボウなどを使った筑前煮（筑前・現在の福岡県で生まれた料理）。

イモ田楽。田楽はくしにさして食材を焼いたもので、古くから食べられています。

ニンジンやジャガイモなどを使ったサラダ（上左）と、カレー（上右）。家庭料理としてよく食べられています。

根っこは薬にも毒にもなるってほんとう?

　ニンニクやショウガ、ラッキョウは、古くから体のはたらきを強める食品として知られています。ヤマユリの球根やクズの根、カキツバタの地下茎、ウコン（ショウガのなかま）などは、薬として使われています。

　いっぽう、毒ゼリ、ヒガンバナ、トリカブトの根、スイセンの球根などには、強い毒があり、食べることができません。

花

根

クズ。クズは野山に自然に生えています。根は太く、1mの長さになるものもあります。薬として使われています。

土の中の根っこや茎が、食べものになっているのを知っているよね。

イモ類やダイコン、ニンジンなどをたくさん食べています。

そうだね。ところでこの土の中の食べものは、いつから利用されているか知っているかな?

うーん?

サトイモは、米が伝わる前から食べていたようだよ。

そんなに古くから…。

そのあと、ダイコンやカブ、ニンジン、ジャガイモ、サツマイモが伝わってきて、食生活を豊かにしてきたんだよ。

土の中のめぐみには長い歴史があるんですね!

ことばの解説

＊和食：しんせんな魚や野菜を使い、材料の持ち味を生かして作った料理に、米、みそしるなどと合わせた日本の食事のこと。季節の食材を生かし、年中行事とも深いつながりがあります。ユネスコ無形文化遺産に登録されています。

③盆栽の根っこはどうなっているの？

文／クリエイター　村井茶都

盆栽ってどんなもの？

　盆栽は、草木を浅い鉢に植えつけたもので、自然をあらわす小さな景色として楽しまれてきた、長い歴史があります＊。

　大きさは、床の間にかざられるくらいです。小さなものは豆盆栽といわれ、樹高（木の高さ）は10cm以下です。大きなものだと1mをこえ、樹齢（木の年れい）が500年のものもあります。

　木の種類や見どころによって、下の写真のように、いろいろな種類があります。

＊盆栽の歴史：次ページ「ことばの解説」参照。

五葉松（マツの一種）「千代の松」。樹齢500年、樹高160cmです。

山もみじの「武蔵ヶ丘」（秋）。樹齢150年、樹高89cmです。

梅。樹齢180年、樹高87cmです。

盆栽の種類は、松や真柏（ヒノキ科の木）など針金状の葉の木で仕立てた松柏盆栽と、雑木盆栽（ケヤキやモミジなどの落葉樹の葉もの盆栽、花梨などの実もの盆栽、梅や桜の花もの盆栽）の2種類に大きく分けられています。

盆栽はどうして大きくならないの？

　養分のあたえ方によって樹形（木の形）や大きさを調節しています。

　盆栽の鉢は小さめのものを選び、赤玉土という水はけのよい土を入れて植えます。かわいたら水をやり、不要なえだを取りのぞくせん定をします。

　木が大きくなりすぎないようにするため、定期的に鉢から出して形を整え、土も入れかえます。

　同時に根を整理して、新しい根が生えるようにします。そのさい、根を切りすぎてかれないように注意します。

　葉が多すぎてもかれてしまうため、根を切ったらえだも切ってバランスをとります。

木を鉢から外して（❶）土をほぐし（❷）、木を大きくさせず、新しい根を生やすために根切りをしたところ（❸）。

盆栽の見どころは？

盆栽には正面があります。手前におじぎをするようにかたむいていて、みきがよく見える側が正面です。

おもな見どころには、❶根ばり（根の形やはり方）、❷立ち上がり（根元から立ちあがったみきの形）、❸えだぶり、❹葉性（葉の形や色、成長のいきおい）などです。

盆栽の見どころ。

盆栽の根っこ

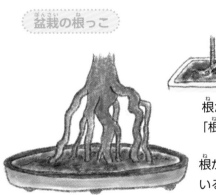

根が連なっている「根連なり」。

根が立ち上がっている「根上がり」。

ほかにもいろいろな形の根っこがあります。

取材協力・写真提供／さいたま市大宮盆栽美術館

盆栽を見たことはありますか。

はじめてです。

根と同じ高さに目線をあわせて、下から見上げてみてね。大きな木の下にいる感覚になれるわよ。

ほんとだ！

松柏盆栽、雑木盆栽など、いろいろな種類があるわ。

松柏盆栽
雑木盆栽

季節の変化も楽しめるんですね。

みきやえだがかれて白くなったところも見どころです。みきは「シャリ」、えだは「ジン」というのよ。

ジン
シャリ

見てみます！

ことばの解説

＊盆栽の歴史

●中国・8世紀：植物をのせた浅い盆をささげもつ人物が壁画にえがかれ、盆栽の始まりとされます。

●平安〜鎌倉時代：鎌倉時代の絵巻物に「石付き盆栽」がえがかれていて、平安時代には盆栽が日本にもたらされていたと考えられます。

●室町時代：ポルトガル語の日本語辞書（1603年）に「ボンサン（盆山）」についての記述があり、盆栽の当時のよび名だったことがわかります。

●安土桃山時代：「鉢木」とよばれ、伝統芸能の能の演目にも「鉢木」が登場。人気がうかがえます。

●江戸時代後期：殿様や上流階級だけでなく、多くの人にも親しまれるようになり、園芸書に「盆栽」という文字が記されました。

11

④くらしを支えてきた木の根っこのひみつは?

文・写真提供／名古屋大学 准教授 平野恭弘

海岸にはどうしてクロマツが植えられているの?

クロマツは、ほかの木とことなり、海からの塩をふくんだ海水や風に強く、養分が少ない土地でも育つ特ちょうをもっています。

そのため、海岸のきびしい環境の中でも根を

はって、しっかり育つことができます。

クロマツの根は、深くまっすぐ成長し、津波や強い風でもたおれないようにする力があります。

海岸で成長したクロマツ林*は、くらしに役だってきました。

＊海岸のクロマツ林：次ページ「ことばの解説」参照。

海岸のクロマツ林。クロマツの落ち葉やえだは燃料になり、松やにを燃やしてあかりに使いました。実はお菓子の材料になっています。また、クロマツ林によって、海からの潮風や強い風をふせぐことで、海岸に畑がつくられています。人々のくらしは、クロマツ林から多くのめぐみを受けて支えられてきました。

松やに。マツの木からしみ出る液で、すきとおった茶色をしています。

神社や家が木でかこまれているのは?

神社や家をかこうように植えられている木々を屋敷林といい、建物を強い風や雪から守り、火が広がることをふせいでくれます。

川の近くや田んぼの中にある屋敷林では、建物などが水のひ害にあわないように、地面に石などを積んで高くし、木を植えています。

これは、木の根が水につかっても、くさらないようにくふうされているからです。

屋敷林には、根の力が強く建築材になるケヤキやスギ、食料になるクリやタケ、火の広がりをふせぐイチョウなどが植えられています。地いきごとに、使い方を考えて植えられています。

木の根っこが山くずれをふせいでくれるの?

木のない山の土は、雨がふるとすぐにくずれて流れてしまいます。

木があると、細い根が落ち葉とともに地表面をおおうことで、土がスポンジでふたをされたようになって雨を吸収し、ゆっくりと下方の土へとしみこませてくれます。

木の太い根は土の中で成長することにより、土がくずれることに対するていこう力を強くしてくれます。

木の太い根や細い根が、山の土にあることで、わたしたちのくらしを山くずれのひ害から守ってくれているのです。

地表面をおおう落ち葉や細い根が、強い雨から土の流れるのをふせいでいます。

● 落ち葉
○ 細い根

海岸にはクロマツ林があるけれど、どうしてですか?

クロマツは、海からの風や塩をふくんだ海水に強く、養分が少なくても育つからだよ。

それと、根っこが深くのびていて、木を支えているんだ。

そうなんですね。

木は、海岸だけではなく、家や神社などのまわりにもたくさん植えられているよ。

風や火から建物を守っているんですね。

ところで、くらしに役だつ木は、クロマツ以外にもあるんですか。

たくさんあるよ。図鑑のページを読んでね。

根っこに支えられた木がくらしに役だってきたんだね。

木をたいせつにしようね!

ことばの解説

*海岸のクロマツ林:海岸のクロマツは、平安時代には植えられています。江戸時代には、海からの風や波などをふせぎ、燃料や木材を利用するために海岸林づくりが始まりました。1960年代末までには、現在の海岸林ができあがり、くらしを守り、安らぎの場になっています。

❺きりの中で根っこが育つってほんとうなの？

文・写真提供／株式会社いけうち　彦坂陽介

きりの中で根っこはどう育つの？

　野菜では、畑の土で栽培する方法や、土を使わず養液（養分がとけた液）で育てる水耕栽培などが行われています。

　水耕栽培の一つに「きり栽培」があります。

　きり栽培は、特しゅなノズル（液体をふきだす細い管）を使い、とても細かなきりとして、養液を根の周辺にいっぱいにさせる栽培方法です。

　根はきりの中に、うかんでいるようにして育ちます。

＊水耕栽培：次ページ「ことばの解説」参照。

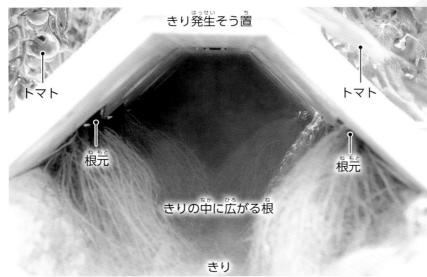

きり発生そう置

トマト

トマト

根元

根元

きりの中に広がる根

きり

きり栽培装置（トマト栽培）。けむりのようなきりの中に根が広がり、きりをつかまえます。

根は、とても小さな水てきのきりをつかまえて吸収できるように細かく分かれています。表面全体にびっしりと根毛（下写真参照）が生えるのが特ちょうです。根毛は養液を吸収する役割があり、多いほどたくさん吸収できます。

きりの中で育つとなにがいいの？

　根は、呼吸することで、養液を吸収する力を生み出しています。

　きりの中には、水とたくさんの新せんな空気がふくまれています。

　そのため、きりの中の根は、土の中や水中の根にくらべて、空気をたくさん吸収することができ、生き生きとした状態を保ちやすくなります。

　また、根毛をたくさん生やすことで、養液をこうりつよく吸収することができます。

根毛。根の表面に毛のように広がる。

きりの中で育った根を拡大したところと表面に広がる根毛（円内）。

未来の野菜の栽培方法は？

　人間が宇宙、月や火星などで生活する時代が、いつかやってくることでしょう。

　そのとき、宇宙でもしんせんな野菜を食べるため、いろいろな栽培技術が研究されています。

　きり栽培は、きりでつつまれて、根がうかぶという特ちょうがあります。この特ちょうを生かして、宇宙空間での野菜栽培にチャレンジをしています。

　実さいの無重力の宇宙空間では、きりがうかんでただよう時間が長くなり、地上での栽培よりも根が水や養分を吸収しやすくなると考えられています＊。

＊宇宙空間での根の生え方：p.18〜19「宇宙ステーションで根っこはどうのびるの？」参照。

土がなくても、植物を育てることができることを知っているかな？

水耕栽培でしょう。

そうだけど。きりも使われているよ。

えっ、きりが？

根っこのまわりをきりでいっぱいにさせて育てる装置があるんだよ。

すごいけれど…。根っこは？

だいじょうぶだよ。きり栽培の技術を宇宙での野菜栽培に使う実験もすすんでいるんだ。

地球から宇宙に広がる技術なんですね！

宇宙用きり栽培装置（写真左・左下）。宇宙には上も下もないので、つつ状の栽培装置ではつつのまわり中に植物を植えることができます。

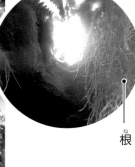

根

上の写真では根がぶらさがっていますが、無重力下では周囲から中心へ向かって根が広がり、きりから養液を吸収します。

ことばの解説

＊水耕栽培：土のかわりに養液（養分をとかした液）で植物を育てる方法です。家庭でヒヤシンスなどを育てるときや、施設で野菜を栽培するときなどに使われています。植物の成長をコントロールでき、畑で育てる場合にくらべると、病気にかかりにくいなどのよさがあります。

❻イネの根っこで国際交流が広がっているの？

文・写真提供／名古屋大学 教授 犬飼義明、名古屋大学 助教 仲田麻奈

世界では、米をどのように作っているの？

世界の主食は、コムギ、トウモロコシ、米の三大穀物*が中心です。このうち米は、アジアの国々を中心に、世界の国の半分以上が主食としています。

米は、水をはった田んぼで作るため、水が欠かせません。日本の米作りでは、用水路やため池、ダムなどの設備（かんがい施設という）を利用して、安定して水を取りいれています。

しかし、世界の田んぼの約4割は、このような設備がなく、雨水だけにたよっている天水田*です。

そのため、たびたび水不足が生じ、水を取りいれる設備のある水田にくらべると、とれる量が半分にもなりません。

*世界三大穀物：次ページ「ことばの解説」参照。
*天水田：水源がとぼしく、雨水にたよっている田んぼ。

フィリピン・バナウェの棚田。棚田は、山のしゃ面にかいだんのように田んぼをつくったものです。この棚田は、かんがい施設がなく、雨水にたよっています。イネの研究の国際交流によって、収かく量の増加が期待されています。

かんそう　　　　　多湿

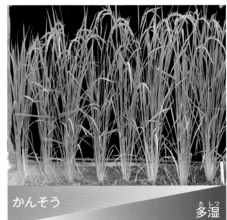

かんそう　　　　　多湿

土のかんそうじょうきょうでイネの成長が変わります。左はかんそうに弱い品種で、右はかんそうに強い品種です。

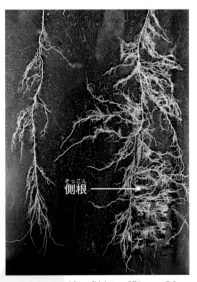

側根 →

かんそうに弱い品種（左）と強い品種（右）では、強い品種ほど側根（えだ分かれしてのびる根）の量が多くなります。

フィリピンでのイネの栽培調査。

根をふやすことでたくさんとれるようになるの?

これまでいろいろな品種のイネについて、かんそうとのかかわりを調べてきました。

その結果、かんそうした田んぼで側根を発たつさせることによって、根全体の長さをふやすことができる品種が、かんそうにたえられることがわかりました（前ページ下写真参照）。

そこで、各品種の遺伝子を調べて、側根がどのように発たつするかの研究が行われ、そのしくみが少しずつ明らかになってきました。

現在、アジアの国々と共同して、遺伝子の情報をもとに、これまでになく根のはり方がすぐれている品種をつくるための、研究がすすめられています。

イネの根の研究で、国際交流が広がっています。

側根と遺伝子のかかわり

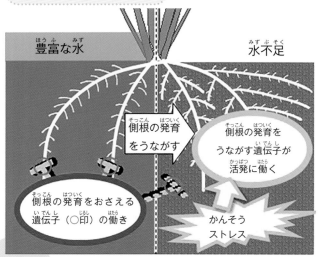

豊富な水では側根をおさえる遺伝子が働きます。水不足の中では側根をうながす遺伝子が活発に働きます。この遺伝子を利用して、かんそうにたえられるイネの改良を行っています。

イネの実のお米は、世界の半分以上の国が主食として利用しているよ。

お米はどうやって作っているんですか?

米作りは、水がたいせつで、日本では、古くからため池や、川の水を取りいれる水路をつくって、水不足にならないようにしてきたんだよ。

すごいな!

でも、水をひく施設のない国も多くあるんだよ。

イネが育たないのでは?

そこで、いろんな国の人が協力して、イネの根っこのこの研究が行われ、かんそうに強いイネの品種の開発がすすんでいるよ。

根っこが世界をつないでいますね!

ことばの解説

＊世界三大穀物：世界でとくに生産量の多い穀物で、コムギ、トウモロコシ、米があります。穀物は種を主食として利用する植物のことで、三大穀物はイネ科です。なお、マメ類やイモ類も主食としてあつかわれることがあります。

❼宇宙ステーションで根っこはどうのびるの？

文／千葉大学 特任教授　髙橋秀幸

宇宙での植物実験をどうやってするの？

国際宇宙ステーションの日本の実験棟「きぼう」には、細胞培養装置と、この装置に取り付けられた植物実験ユニットがあり（下写真参照）、植物の栽培実験が行われています。

この二つの装置は、植物の種類や実験の内容にあわせて条件が設定でき、いろいろな植物を育てて、実験することができます。

生育状況は、ステーションから送られる画像や、地上に回収されたサンプルで調べられ、研究がすすめられています。

微小重力区
（重力がわずかしかない部分）

回転ばん

人工重力区
（重力を人工的につくる部分）

細胞培養装置。重力*がほとんどない微小重力区と回転装置で重力をつくる人工重力区をもっていて、温度や湿度をコントロールできます。
*重力：次ページ「ことばの解説」参照。

生育容器

給水・換気システム

生育用照明

観察システム（カメラ）

植物栽培ユニット。生育用の照明・給水・換気（空気の入れかえ）システムと観察用のカメラをそなえています。

写真提供／ＪＡＸＡ

重力がないと根っこはどうのびるの？

植物の根は、重力によって土の中を下側にのび、水や養分を吸収します。

根の先たんにある根冠（根の先にあって根を守る組織）の中には、重力を感知する細胞をもっています。そのため、微小重力の宇宙では、根はのびる方向をコントロールできず、培地*の外に飛び出してしまいます。

根は、重力だけではなく、土の中で水分の多い方向にものびます。この根の水の多い方向にのびる性質は、地上では重力の影きょうで見えにくくなりますが、宇宙ではよく観察できます。
*培地：土のかわりに人工的な資材によってつくられたもの。

根が重力方向にのびるしくみ

根を横にする

植物ホルモン

根冠

重力を感知する細胞

デンプンをためたつぶ

← ：植物ホルモンの移動する方向

根冠にある重力を感知する細胞（黄色い部分）で、デンプンをためこんだつぶがしずみ、根は重力のある方向にのびます（左）。赤線は、一つの植物ホルモン（成長に必要な物質）の移動する方向で、根を横にするとデンプンをためたつぶがしずみ、このホルモンが根の下側に運ばれ、上側にくらべて下側の細胞ののびが小さくなり、根は曲がって下側にのびます。

夢の月面農場のイメージ図。上は100人きぼ、右は6人きぼを想定。

写真提供／ＪＡＸＡ

未来の植物生産はどうなるの？

　未来に人類が月や火星でくらすためには、宇宙で食料を生産する必要があります。

　宇宙環境での植物生産は、重力の影きょうを理解し、成長をコントロールしなければなりません。

　そのためには、栽培装置を使って人工重力を発生させることや、水分や光の利用を研究する必要があります。

　宇宙での食料生産は、植物工場＊が基本となります。同時に、植物の食べものとして利用しない部分や、水、養分などを、資源としてくりかえし利用することが大事です。

＊植物工場：植物栽培のための、温度や湿度、光をコントロールできる施設。

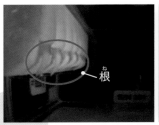 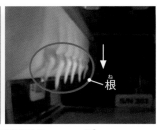

キュウリの根は、宇宙の微小重力下では、水をふくんだスポンジ側にのび（左）、人工重力下では重力方向（白い矢印）にのびます（右）。

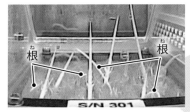

微小重力区でイネの根が培地から飛び出した様子。

宇宙ステーションで植物を作る実験をしているってほんとうですか？

そうなんだよ。

宇宙ステーションの中は、重力がほとんどないので、いろんな装置を使って、植物を育てているんだ。

重力がないと根っこはどうなるんですか？

地上とはのびる方向が反対側になることもあるよ。

おどろき！

地球では見られないいろいろな植物の成長が、未来の植物生産に役だつんだよ。

夢を運んでくれますね！

ことばの解説

＊重力：地球が回ることによって生じる力と引力（引き合う力）が合わさった力。重力によって地球上では、根が下に向かいます。宇宙ステーションでは、重力がわずかしかない環境（微小重力区）を利用して実験をしています。比較のために人工重力区をつくっています。

①身近な植物の根っこ

文／作家　小泉光久

　公園や道ばた、家の庭などには、たくさんの草花が育っています。

　草花には、種から芽が出て、一年以内に花がさいてかれてしまう一年生植物、種をまいたつぎの年に花がさき、2年以内にかれる二年生植物、2年以上生きる多年生植物があります（図参照）。

草花が育っている期間での分類

一年生植物	芽が出て1年以内にかれるもの
二年生植物	1年以上2年以内でかれるもの

	多年生植物	2年以上生きるもので、下記の種類がある

草花		常緑多年草	いつも葉がある植物
		宿根草	根が生きていて毎年芽を出す
		球根	球根をつくって毎年芽を出す

アサガオ

ヒルガオ科の一年生植物。奈良時代の終わりに中国から薬草として伝わりました。江戸時代に観賞用（見て楽しむ）として品種改良が行われ、植木市で売られています。

●**発芽・主根・側根**

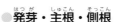

発芽

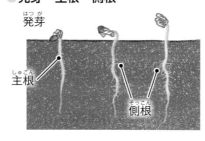

主根

側根

◀発芽（芽が出る）して、主根（種から出てのびる根）から側根が出たところ。

▶まき方のイメージ図。

上

▶つるは左へ左へと回りこみながら登っていきます。

根。種から出た主根がまっすぐのび、側根が横へ広がります。アサガオは、水をたくさんすうので、水が切れないようにします。鉢植えの場合は、水が多すぎると根がくさるので注意が必要です。

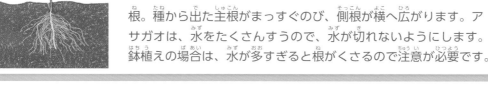

ヒマワリ

キク科の一年生植物。太陽の花が語源となっています。空に向かって2～3mまでのびます。種が食べられ、油をとることにも利用されています。

▶花。たくさんの花が集まって一つの花に見えます。

●**発芽後の根の成長**

胚軸

▶種をつけたまま胚軸（○印部分）と茎がのびて、根をのばしながら地上に芽を出します。

根。根元から出た側根が深くのびます。根からの養分を吸収する力が強いのですが、肥料をあたえすぎると根がいたむことがあります。

コスモス

キク科の一年生植物。名前は「秩序」や「調和」を意味するギリシャ語からつけられています。日の当たる時間が短くなると花をさかせます。

◀ 花。花の先が規則正しく8つに分かれています。ギリシャの哲学者のピタゴラスは、宇宙をさすのに「コスモス」ということばを用いました。

先がぎざぎざになっている

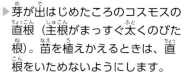

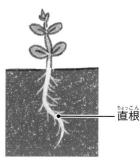

▶ 芽が出はじめたころのコスモスの直根（主根がまっすぐ太くのびた根）。苗を植えかえるときは、直根をいためないようにします。

直根

根。本数がひかくてき少なく、直根（まっすぐのびる根）をいためると成長が悪くなります。

チューリップ

ユリ科。球根による多年生植物で、多くの品種がつくられています。開花時期は3〜5月。種もつきますが、種から育てると花がさくまでに数年かかるため、球根で植えることが多いです。

◀ チューリップ畑（左）とほりあげた球根（右・地下にできた球）。球根をとるときには花びらがちってしまう前に花の下から切り、肥料をほどこします。

根。えだ分かれしない細い糸状で、ななめ下方向に深くのびます。春から夏にかけて地上部を支え、冬は土の中から水と養分を吸収し、春の成長にそなえます。

タンポポ

キク科の多年生植物。日本に古くから生えているニホンタンポポと明治時代にわたってきたセイヨウタンポポがあり、現在は、ニホンタンポポがへって、セイヨウタンポポが多くなっています。

ニホンタンポポ　　セイヨウタンポポ

◀ セイヨウタンポポは、花を支える葉（〇印部分・ほう葉という）がそりかえっています。

▲ とても強く、ほそう道路のわれ目でも花をさかせます。

根。地中に30〜50cmほどのばし、ときには1mをこえることもあります。根がとても強く、地上部がなくなっても、根が残っていると再生します。また、根元には短い茎が集まっていて、地上部を切りとってもここから葉がのびます。

セイヨウカラシナ

アブラナ科の二年生植物。もともとは野菜としてヨーロッパから取りいれた植物ですが、河原や道ばた、土手などに野生化しています。花や葉、茎を食べることができます。

◀花。アブラナ科特有の十字の形をしています。

◀野原にさくセイヨウカラシナ。ふえる力が強く、ほかの植物の成長をおさえることがあります。

根。根元が太く、先の細い主根が地中深くのびていきます。冬になるとダイコンのように太くなります。

シロツメクサ

マメ科の多年生植物。クローバーともいいます。明治時代に牧草（ウシのえさ）として導入され、野生化して全国に広がりました。

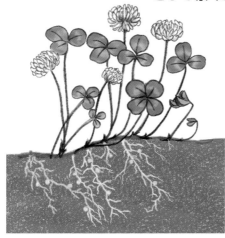

◀江戸時代にオランダから運ばれてきた荷物のつめものとして使われていました。多くの葉が三つ葉で、ごくまれに四つ葉もあります。

根。地表からはう茎（ほふく茎・右図）の節から根をのばします。茎の一部が残っていると、草取りをしてもふたたび葉を出して成長します。

ほふく茎

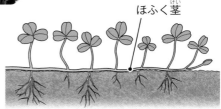

ツユクサ

ツユクサ科の一年生植物。朝になると花がさき、昼にはしぼみます。万葉集（平安時代の歌集）によまれ、古くから親しまれてきました。薬用、食用にもなっています。

◀花。花びらは、青い大きな2まいと、目立たない1まいがついています。

○━種

▲種。子孫は種からふえます。

◀地面にはった茎から出た根。

根。横にはった茎の節から白い根を出します。根はあまり深くはりません。横にはった茎がえだ分かれして、そこから根が出て広がります。

エノコログサ

イネ科の一年生植物。アワの原種で、縄文時代にアワといっしょに入ってきて、畑に広がったといわれています。北海道から沖縄県までの野原、道ばた、空き地など、どこにでも見られます。

◀アスファルトのわれ目にのばした根。1cmに満たないわれ目でも根をはります。

▶えだ分かれした茎から根がのびているところ。

根。地中に浅く広くはります。茎がえだ分かれし、そこから芽、根が広がってふえていきます。

ヒメジョオン

キク科の一年生植物。江戸時代の終わりごろに観賞用（見て楽しむ）として伝わり、明治時代には道ばたなどにふえていきました。同じなかまにハルジオンがありますが、花の形や茎のつくりがことなります。

◀道路わきにさいているヒメジョオン。

▶ほりだしたヒメジョオンの根。茎から根が生えています。

根。種から出た根がまっすぐのび、側根がたくさん生えます。根出葉といって、葉が茎の根元からも出ます。

ススキ

イネ科の多年生植物。日本中の平地や野山に自然に生えています。「尾花」ともよばれ、秋の七草の一つで、月見の席にかざる習わしがあります。

◀ススキの穂。白い毛が生えていて風で飛ばされ、穂の中の種がばらまかれます。

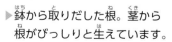

▶鉢から取りだした根。茎から根がびっしりと生えています。

根。地下にがっしりした短い地下茎（地下にのびる茎）があり、そこから地上に新しい茎をのばし、地中に根をはります。

❷主食とする植物の根っこ

文／作家　小泉光久

主食として作られる植物を穀物といいます。イネ、コムギ、トウモロコシがとくに多く利用され、「世界三大穀物」とよばれています。

いずれもイネ科の植物で、種を利用しています。現在の日本ではイネの実の米が主食ですが、ヒエやアワ、キビ、ソバ、イモ類、マメ類なども主食にした時代があります。

主食の種類

主食
- 世界三大穀物：イネ、コムギ、トウモロコシ
- その他
  - 世界：ジャガイモ、キャッサバ、ナツメヤシなど
  - 日本：ヒエやアワ、キビ、ソバ、イモ類、マメ類など

イネ　イネ科。縄文時代末期に日本に伝わりました。イネの種を米といい、主食となっています。ほとんどが水をはった田んぼで作られています。

◀花。

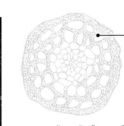

空気の通り道

▶根元から茎がえだ分かれしたところ。えだ分かれした茎の先たんに穂がつきます。

▲イネの根の輪切り。水の中で根が呼吸できるように空気の通り道があります。

根。種から根が出たあと、葉がふえるとともに茎の根元にある節からつぎつぎと根が出て広がっていきます（「次ページイネ科の根の成長」参照）。

ムギ　イネ科。オオムギ、コムギ、ハダカムギなどの種類があります。パンやクッキー、パスタなどに多く使われています。日本ではムギ飯、うどんなどにも利用されています。

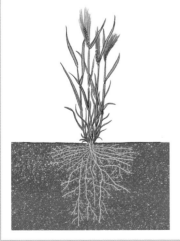

▲花。

▲コムギ（上左）と二条オオムギ（上中）、ハダカムギ（上右）の穂。

根。イネの根と生え方がにています。ムギ類は、畑の土のかたさや水分量によって、根の太さやはり方、のびる深さが大きくことなります。

トウモロコシ

イネ科。穀物、ウシやブタのえさ、野菜として利用されています。水あめや油、酒などの原料にもなっていて、それぞれ品種がことなります。

めしべ

▲実。めしべの数だけ実がなります。

▶支根。地上で発生し、地中にのびて地上部を支えます。土の中では、水や養分を吸収します。

支根

根。生え方はイネやムギとにています。トウモロコシ根には、地上部の節から出て、地中にのびる支根があります。

ソバ

タデ科。すずしい気候にてきし、やせ地（養分の少ない畑）でも育ちます。ヒエやアワ、キビなどとともに、救荒作物（ほかの作物がとれないときの食料）となっていました。

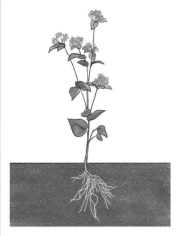

▲花

▲実

▲救荒作物のヒエ（上左）とアワ（上中）、キビ（上右）。

根。太い主根から側根が出ます。根はあまり深くのびず、広がりも少ないです。

イネ科の根の成長

イネ科の植物の根には、種から出た根（種子根）と、茎の節から出る根（冠根・不定根ともいう）、冠根から出る側根などがあります。成長したイネの根は全体的にはひげのような形になります。

●イネの根

冠根

種子根

●イネの成長と根

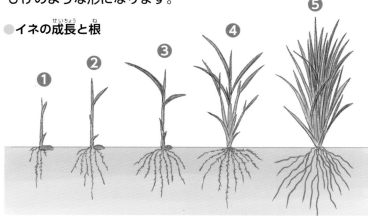

❶ ❷ ❸ ❹ ❺

◀種から種子根が出て（❶）、葉をふやしながら冠根と側根がのびていき（❷〜❹）、ひげのような形になります（❺）。田植え機に使われる苗は、おもに❷の状態で、手植えでははもう少し成長した❸〜❹が利用されます。

❸野菜の根っこ

文／作家　小泉光久

　野菜は、草の葉や茎、果実、根などを食べものとして利用する植物です。

　食べる部分で、葉茎菜類、果菜類、根菜類に分けられています。

　植物分類でみるとアブラナ科、ナス科、ウリ科、ヒガンバナ科、マメ科などがあります（右図参照）。

野菜の分け方

分け方	おもな種類
部位	葉茎菜類：葉や茎、花芽などを利用
	果菜類：果実や種を利用
	根菜類：地下部の根や茎を利用
植物分類	アブラナ科、ナス科、ウリ科、ヒガンバナ科、マメ科、キク科、セリ科など

ハクサイ

アブラナ科。葉が重なって球になる（結球）ものと、結球しないものがあります。日本では結球したものが多く作られています。つけものやなべ料理、にものなどに利用されています。

◀断面（○部分は「とう」）。

◀花。葉の中のしん（とうという）がのび、先たんに花をつけます。このときには球がくずれて商品になりません。

▲根こぶ病にかかった根。

根。細根が広くはり、種から育てた場合は、深さ１ｍ、はば１ｍにもなります。細根がすいあげる水と養分によって、短い間に大きな球をつくります。同じ畑で続けて作ると、たとえば根にこぶができる根こぶ病にかかります。

キャベツ

アブラナ科。結球するものと結球しないものがあり、日本では結球するものが多く作られています。サラダやあげもののつけ合わせ、にものなどに使われています。

◀花。重なり合った葉の間から茎をのばして花をさかせます。

●キャベツが球になるまで

根。深さ50cm、はば１ｍまでのばし、浅いところにたくさんはります。酸素が多い土を好み、かんそうにたえられますが、過湿（水分が多いじょうたい）には弱いです。

レタス

キク科。「チシャ」ともいいます。結球するものと、サニーレタスなどの結球しないものがあります。サラダに使われます。サニーレタスは、土のかわりに養液（養分がとけた液）で育てる水耕栽培でも作られています。

◀花。茎の先たんにむらがってさきます。

▲水耕栽培の根。サニーレタスなどが水耕栽培でも作られています。

根。過湿に弱く、細い糸のような根が、たくさんはります。収穫時期には、深さ1.5m、はば1mにものびます。

ホウレンソウ

ヒユ科。中国から伝わった東洋種、ヨーロッパから伝わった西洋種があり、現在はこの2種類をかけ合わせて改良されたものもあります。おひたしやにものなどに利用されています。

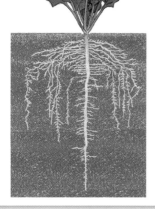

▲ホウレンソウは、お花（左）とめ花（右）が別々の株につきます。

◀収穫直後のホウレンソウ。根元に栄養が多くふくまれています。

根。もっとも深い部分はまっすぐ1mものび、地表から60cmぐらいのところにみつにはります。野菜の中でとくに過湿に弱いので、水はけの悪い畑では成長しにくいです。

ネギ

ヒガンバナ科。奈良時代に伝わり、北海道から九州まで作られています。根元の白い部分が長い白ネギと、緑の部分が長い青ネギがあります。

▲花。茎の先たんに小さな花が集まってさきます。

◀地下茎から根が出たところ。

根。地下茎（土の中にのびる茎）から、細い根をたくさんのばします。深さは30cmぐらいで、横に50cmぐらいに広がり、地表に向かってのびる根もあります。

タマネギ

ヒガンバナ科。世界では、起源前3000年ごろには食べられていたといわれています。分類としては葉茎菜類に入ります。カレーやスープ、にものに利用されます。

▲花。ネギと同じような花をさかせます。

葉が重なって玉になります。

根　茎

▲タマネギをたて半分に切ったところ。

根。細い根を深さ30cmぐらいのところまでのばします。根が育ったあとに球が太りだします。根の量が少ないとよい球ができません。

ナス

ナス科。古代から重要な野菜でした。その後いろいろな品種が生まれ、伝統野菜（各地で古くから作られている野菜）となっています。つけもの、にものなどに使われます。

▲花。下向きにさき、おしべが黄色です。

▲いろいろのナス。各地で色や形のことなったナスが作られています。

根。主根が太くて強く、1mより深くまでまっすぐのびます。側根は上のほうに多く、下の方は少ないです。

トマト

ナス科。大玉と中玉、小玉（ミニ）があり、施設で年間を通して作られています。最近は小玉の割合がふえています。サラダ、にこみ料理、加工食品として利用されています。

▲花。茎からのびた果へい（え）に花をつけます。

◀施設で作られているトマト。

根。主根が深くのび、側根は浅いところにたくさん生えます。根が深くのびるため、日ざしが強くてかんそうしやすい夏でも、元気に育つことができます。

キュウリ

ウリ科。奈良時代に薬用として伝わり、江戸時代に野菜として食べられるようになりました。サラダ、つけものなどに利用されています。

▲花。ウリ科の花は、お花（上左）とめ花（上右）が別々にさき、め花のもとがふくらんで実になります。

▲実。とげがあります。

根。芽が出たあとに主根がまっすぐのび、側根が水平に広がります。側根からは細根がたくさん出て、上の方に横に広がります。主根の深さは1m近くになります。

セイヨウカボチャ

ウリ科。室町時代に伝わったニホンカボチャと、江戸時代末期に伝わったセイヨウカボチャがあります。にもの、スープなどに利用されます。

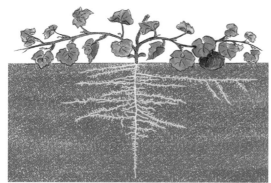

根。深さ1.8mにたっするものがあるように深くのび、横にも広くはります。

▲お花（上）とめ花（下）。

▲海岸に近い砂地でみのるセイヨウカボチャ。根が肥料をよく吸収し、ほかの作物が育たないような場所でも作ることができます。

イチゴ

バラ科。イチゴは、日本では、野菜の一種の果菜類に分けられていますが、果物としても食べられています。生食やジャム、ジュースとして利用されています。

ランナー：根元から地面をはうようにのびる茎。

▲花

種

▲実：表面についているつぶが種です。種からも育てることができますが、同じものができないのでランナーを使います。

根。茎からのびた根から側根が分かれてのびていきます。広がりはせまく、浅くはります。イチゴ栽培では、ランナーから出た芽を利用してふやします。

エダマメ

マメ科。ダイズのマメがじゅくさないものです。皮ごとゆでるか焼いて食べます。ダイズは縄文時代に作りはじめたといわれ、穀物、野菜として利用されてきました。

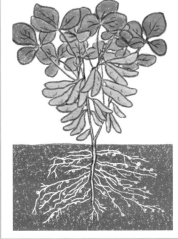

▲花。チョウににているので蝶花とよばれています。

▲エダマメ（左）とダイズのマメ（右）。

▲根にできた根粒。

根。主根は付け根の部分が太いですが、だんだん細くなります。胚軸（種と子葉をつなぐ部分）や主根から出た根が深くのびます。根には根粒菌（マメ科の植物についてたがいに助けあう菌）がついて、根粒ができます。

ラッカセイ

マメ科。花が落ちたあと、土の中にマメをつくることから「落花生」と名づけられました。皮ごといる（弱い火であぶる）かゆでて食べるほか、ピーナッツバターなどの加工品に利用します。

▲花（上左）が落ちたあと、子房（めしべの下方のふくらんだ部分）がのびて地中にささり、先が太りはじめ（上中）。マメ（上右）になります。

根。主根をのばしながら、側根をふやしていきます。主根は1mより深くのびます。根粒菌がつきます。

エンドウ

マメ科。マメのじゅくし方でいろいろな利用法があります。さやごと食べるサヤエンドウやスナップエンドウ、未じゅくなマメを食べるグリーピースなどがあります。

▲花。

▲マメ。さやの中には8～10個のマメが入っています。

▶病気にかかった根。

根。主根が1mぐらいのび、かさのような形に広がって生え、根粒菌がつきます。エンドウは雨に弱く、水はけの悪い畑では、根が病気にかかったり、根ぐされをおこしたりします。

ニンジン

セリ科。根が太ったものです。種類によって赤色やオレンジ色などがあります。サラダやジュース、にものなどに利用されています。

◀花。かさのようにつけるので「傘形花」とよばれます。

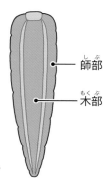

師部

木部

▶ニンジンは根のまわりの師部（葉からの養分の通り道）と木部（根からの水と養分の通り道）の両方が太くなります。

根。主根がまっすぐのび、主根からは細い側根がのびます。上の方から太ります。品種によって太さや長さ、色がことなります。

ダイコン

アブラナ科。根が太ったものです。たくわんづけや切りぼし大根などの保存食、ダイコンおろし、にものなどに使われています。

◀花。アブラナ科の植物の特ちょうの十字の形をしています。

▶根が肥料や土のかたまり、石などに当たると、太い根でもえだ分かれすることがあります。

根。主根がのびて太りながら、たくさんの側根を出します。品種によって長さや太さ、形が大きく変わります。

カブ

アブラナ科。胚軸と根の一部が太ってできます。つけもの、にものなどに利用されます。ダイコンとともに春の七草の一つです。

▲花。形はダイコンとにていますが、色が黄色です。

●カブの太る部分

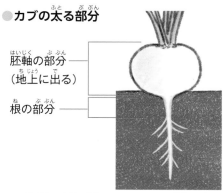

胚軸の部分（地上に出る）

根の部分

根。カブの下には主根がのびます。側根は土の浅いところにが多く生えます。深さは品種によってことなります。

ゴボウ

キク科。平安時代ごろは、種を薬用として利用していました。その後、野菜として作られるようになりました。にものやいためもの、サラダなどに使われます。

▲花（左上）と種（上右）。種はとげのついた皮の中に入っています。

▶根の断面。形成層（成長のもととなる組織）がはっきり見えます。太りすぎると中に「す（空どう）」が入ります。

形成層

成長の早い時期から主根がまっすぐのびて太ります。太った部分の長さは1mぐらいになります。主根から側根がのび、横に広がっています。

サツマイモ

ヒルガオ科。江戸時代に伝わり、貴重な食料として食べられてきました。最近ではおやつとしても人気があります。焼く、ふかす、にるなどして利用されます。

▲花。アサガオににています。

▲サツマイモの苗（上左）と苗を植えつけた畑（上右）。

サツマイモは苗を植えて作ります。苗からのびる細い根は、水や養分をすうための根で、イモになりません。イモは、地下のつる（茎）からのびた根の一部が太ったものです。

アブラナ科の発芽と根

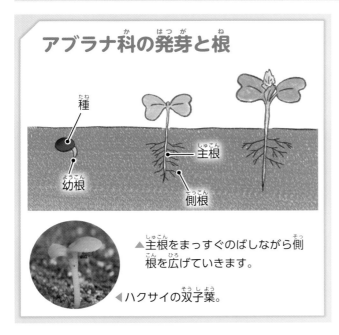

種

幼根

主根

側根

▲主根をまっすぐのばしながら側根を広げていきます。

◀ハクサイの双子葉。

ナス科の発芽と根

種　幼根　主根

側根

▲主根が早い速度で下に向かってのび、横に側根を広げていきます。

◀ナスの双子葉。

ジャガイモ

ナス科。種イモからのびた茎の先たんが太ってイモになります。ウマにつける鈴ににていることから「ばれいしょ」ともよばれています。にもの、ポテトサラダ、フライドポテトなどに利用されています。

▲花。茎の先たんにむらがるようにさきます。

芽

▲ジャガイモの芽。毒があるので取ってから食べます。

▲そうか病（○印部分）。同じ畑で続けて作るとかかります。

根。茎からも多くの細い根が出ます。イモは、種イモから茎（ストロンという）がのび、その先たんにイモをつけます。同じ畑で続けて作ると病気にかかることがあります。

サトイモ

サトイモ科。縄文時代に伝わったといわれ、里で作られることから「サトイモ」とよばれるようになりました。にものに利用されています。

▲花。本州では花がさくことはまれです。

葉
種イモ
根

▲種イモからの発芽。

▲ほりだしたサトイモ。皮をむくときは手がかゆくなるので気をつけます。

根。種イモから根が出ます。イモは親イモから子イモ、孫イモができていきます。

ウリ科の発芽と根

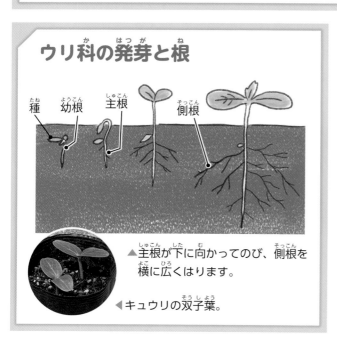

種　幼根　主根　側根

▲主根が下に向かってのび、側根を横に広くはります。

◀キュウリの双子葉。

ダイズの発芽

種　主根
幼根
側根

▲種をもちあげて芽が出ます。主根から多くの側根を出します。

◀ダイズの双子葉。

❹果物の根っこ

文／作家　小泉光久

果物は、木からとれる実と、多年生植物の実をいいます。なお、果物のなる木を果樹といいます。

日本では約100種類の果樹があり、大きく落葉果樹と常緑果樹に分けられます。

落葉果樹は、夏すずしく冬が寒い地帯で作られ、常緑果樹は、夏暑く、冬が温暖な地帯で作られます（右図参照）。

果樹の分類

果樹
- **落葉果樹**　秋に葉を落とす果樹。リンゴ、ナシ、モモ、ブドウ、カキ、クリ、ウメなど
- **常緑果樹**　年間を通して緑の葉をつけている果樹。ミカン、ビワなど

リンゴ

バラ科の落葉果樹。現在、わたしたちが食べているリンゴは、江戸時代～明治時代にアメリカから伝わったセイヨウリンゴです。品種によって色がことなります。

▲花。一つの花芽から5～7個の花が出ます。

▲実。赤色の「ふじ」（左）と、黄緑色の「王林」（右）。

▲わい化栽培のリンゴの木。左図のリンゴよりも高さが低く、葉の広がりもせまいのが特ちょうです。

根。水平やななめに太い根が出ます。水平に出る根は地表に近いところに多く生えます。

カキ

カキノキ科の落葉果樹。実がしぶいしぶガキと、あまいあまガキがあります。しぶガキは、ほし柿にすることや、アルコールや二酸化炭素の入った容器にとじこめてあまくします。

◀花。お花（左）とめ花（右）が別々につきます。

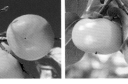

◀実。あまガキの「富有」（左）としぶガキの「平核無」（右）。

▲ほし柿。ほすことでしぶみのもとになる成分のタンニンがとけださなくなり、あまくなります。

根。黒い色をしています。ゴボウ根といわれ、細い根が出にくく、太い根がのびます。

モモ

バラ科の落葉果樹。古くから作られてきました。現在、作られている品種は明治時代に中国から伝わったものを改良した品種です。リンゴにくらべると木のじゅみょうが短いです。

◀花。花べんの先がわれています。

▶「あかつき」の実。おいしい品種として人気があります。

▲根元にできたキノコ（○印部分）。

根。ななめや水平に出る根が発たつします。細根が深くまでのびます。木が古くなると根元にキノコがつくことがあります。

ブドウ

ブドウ科のつる性の落葉果樹。たなにえだを固定して栽培します。実に種が入らない技術が開発されています。最近では皮ごと食べられる「シャインマスカット」などの品種が人気です。

◀花。一本のじくにたくさんの花をつけます。

◀「デラウエア」の実。種なしブドウの技術は「デラウエア」で開発されました。

▲「シャインマスカット」のたな栽培と実。

根。土の中にもぐった地上の茎の節から根が出て広がります。茎から出る根を不定根といい、ブドウは不定根が多く出ます。

クリ

ブナ科の落葉果樹。縄文時代から作られ、材木と、実が食用に使われてきました。奈良時代ごろから栽培がさかんになり、江戸時代には、各地に産地が広がりました。

▶花。お花とめ花が別々につきます。

▶実。先がとがったいがでつつまれています。

菌根

▲菌根菌がついた菌根。木の養分の吸収を助け、そのかわりに木から光合成でつくった糖を養分として受け取ります。

根。ななめに太い根が出ます。根には菌根菌がつきます。水が多い土では、根が成長しにくく、木が育ちません。

ウメ

バラ科の落葉果樹。古くから観賞用（見て楽しむ）や食用として利用され、江戸時代に実をとるための本かく的な栽培が始まりました。梅ぼし、梅酒などに利用されています。

▲花。

▲梅ぼし。大梅（左）と小梅（右）。品種によって大きさがちがいます。

▶よくじゅくした「南高」。ウメの実は色付きが早く、じゅくすと落下しやすいです。

根。太い根と細根が、深さ30cmぐらいのところに生えていて、浅くはっているのが特ちょうです。

ミカン

ミカン科の常緑果樹。ミカンには、温州ミカンやポンカンなどがあります。ミカン科のなかまにはレモンやオレンジ、オレンジと温州ミカンの交配による「不知火」などがあります。

▲花。温州ミカンはおしべと花粉が不完全で受粉することが少ないです。

▲実。温州ミカン（左）と「不知火」（商品名「デコポン」）（右）。

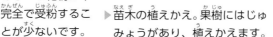

▶苗木の植えかえ。果樹にはじゅみょうがあり、植えかえます。

根。細根から出た細い根毛が、部分的にびっしり生えます。根がすう水分の量と味とのかかわりが深いです。田んぼを畑に変えてミカンを植えた場合、水はけが悪く、実の水分が多くなって味が落ちることがあります。

果樹の成長と実を結ぶ量、根の成長

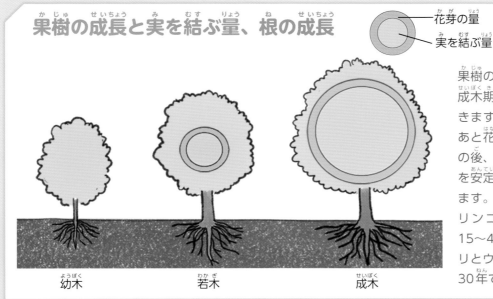

花芽の量
実を結ぶ量

幼木　若木　成木

果樹の一生は、幼木期、若木期、成木期をへて、老木になっていきます。幼木期は、植えつけたあと花のつかない時期です。その後、花芽をつける若木期、実を安定してつける成木期になります。成木期は盛果期ともいい、リンゴやカキ、温州ミカンが15〜40年、モモ8〜20年、クリとウメ10〜30年、ビワ12〜30年です。

ビワ

バラ科の常緑果樹。初夏にみのる果物です。ミカンと同じように温暖な気候で作られ、寒さの害を受けにくい長崎県や鹿児島県、香川県、愛媛県、千葉県で多く作られています。

▲花。冬にさきます。

▲「茂木ビワ」の実。

▶実が大きくておいしい「茂木ビワ」の産地として有名な茂木町（長崎市）の畑。

根。直根がまっすぐ下にのび、細い側根が発生します。地表近くに太めの根を多くはります。

パイナップル

パイナップル科の多年生植物。熱帯（一年中熱い地帯）や亜熱帯（熱帯についで暑い地帯）で作られます。日本では沖縄県で作られています。

かくだい

▲花。茎の先たんに100個以上の花がつきます。

▲実。皮は小さな実のかたまりです。

▶冠芽から出た根。根がのびて2〜3年で収穫できます。

根。浅く広くはります。栽培には、冠芽（実の先から出た芽）やえい芽（実の根元から出た芽）などを使います。

果樹の接ぎ木

果樹では、新しい品種をつくるときや、古い木を植えかえるときに接ぎ木で苗をつくります。接ぎ木は、根元に茎の一部をもつ根を台木にして、これから利用したい品種のえだを穂木としてつくられます。

穂木
台木

▲ミカンの新しい品種をつくるために、種から出た木を台木に接ぎ木しているところ。

テープで固定

穂木
台木
根

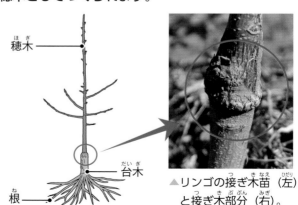

▲リンゴの接ぎ木苗（左）と接ぎ木部分（右）。

❺大きな木の根っこ

文／名古屋大学 准教授　平野恭弘

木は、地面に生えてじょうぶなみきをもち、何年も生きつづける植物で、樹木ともいいます。

樹木は、年間を通して緑の葉をつける常緑樹と、秋から冬にかけて葉を落とす落葉樹に分けられます。それぞれに葉が針のようになっている針葉樹と、広がった葉をもつ広葉樹があります。

樹木の分類

樹木
- **常緑樹**
  - 針葉樹：スギ、クロマツ、アカマツ、ヒノキ、サワラなど
  - 広葉樹：クスノキ、アカガシなど
- **落葉樹**
  - 針葉樹：イチョウ、メタセコイアなど
  - 広葉樹：ブナ、ケヤキ、カシワ、コナラ、サクラなど

クロマツ・アカマツ

マツ科の常緑・針葉樹。クロマツやアカマツは、養分の少ないかんそうした土でも成長できます。クロマツは海岸、アカマツは山の尾根ぞいに多く植えられています。

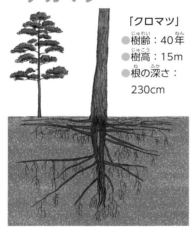

「クロマツ」
- 樹齢：40年
- 樹高：15m
- 根の深さ：230cm

▲針のようにとがった葉と、お花とめ花が分かれた花。

▲実。針葉樹の実を球果といいます。

▲静岡県の三保の松原。約3万本のマツが植えられています。

根。まっすぐ深く成長する直根型（p.41参照）の根系（根のはり方）です。ただし、かたい土や地下水位（地下の水面の高さ）の高い土では、水平根型（p.41参照）に近い根系に変えて成長することもあります。

スギ

ヒノキ科の常緑・針葉樹。まっすぐ成長することから、秋田杉のように木材として利用されやすいため、日本で植えられた面積がもっとも広い木です。

- 樹齢：50年
- 樹高：16m
- 根の深さ：240cm

▲羽のようについた葉。花はお花とめ花が分かれてさきます。

▲球果。枝の先につきます。

杉林

▲秋田杉。スギは、水の吸収が多いので、山の谷近くでよく成長します。

根。太い根をななめ下方向に深くまで成長させる斜出根型（p.41参照）で深根性（深くのびる性質）の根系です。

※それぞれの木の樹齢（木の年れい）、樹高（木の高さ）、根の深さは事例です。樹高や根の深さは、生育条件で変わります。

ヒノキ

ヒノキ科の常緑・針葉樹。ヒノキもスギと同様に木材として利用されやすく長もちします。世界最古の木造建築物である法隆寺（奈良県）は、ヒノキ材でできています。

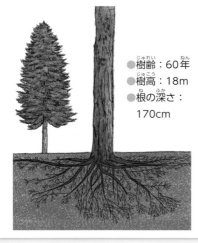

- 樹齢：60年
- 樹高：18m
- 根の深さ：170cm

▲ 羽のようについた葉、花と球果。花はお花とめ花に分かれています。

▲ 長野県と岐阜県にまたがる木曽のヒノキ林。天然林（自然の力で成長する林）として守られています。

根。太い根を浅い土に多く成長させることから浅根性の水平根型の根系を示します。細い根の量が、ほかの木にくらべて多いのが特ちょうです。

ブナ

ブナ科の落葉・広葉樹。代表的な落葉・広葉樹です。スギやヒノキを植えた時代に多くの面積が切られましたが、秋田県から青森県にまたがる白神山地には、ブナの天然林が残っています。

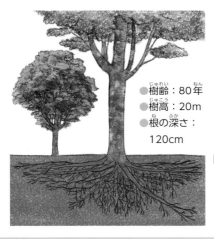

- 樹齢：80年
- 樹高：20m
- 根の深さ：120cm

◀ 花。お花とめ花が分かれています。

▶ 葉ととげのある皮につつまれた実。

▲ 世界自然遺産（ユネスコでさいたくされた条約による自然・文化遺産）に登録された白神山地のブナの天然林。

根。スギと同じようにななめ下方向へ成長し、浅い根系を示す浅根性です。雪の多い地いきでは、根曲がりして雪の重みにたえながら生育しています。

ケヤキ

ニレ科の落葉・広葉樹。ケヤキ並木などの街路樹で見かけられます。たおれにくく、強い風をふせぐために屋敷林や海岸林として植えられています。山中でも自生しています。

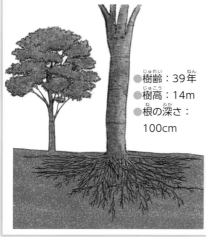

- 樹齢：39年
- 樹高：14m
- 根の深さ：100cm

◀ 若葉とふさ状にさく花。

◀ 球形でかたい実。

▲ 兵庫県丹波市にある川をまたいでのびるケヤキの根。「木の根橋」とよばれています。

根。とても強く、かんたんに折れたり、土からぬけたりしません。

カシワ

ブナ科の落葉・広葉樹。葉を秋にからしますが、新芽が出るまで古い葉が落ちません。このことから、家が代々続くとして、子どもの日にかしわもちが食べられています。

●樹齢：70年
●樹高：14m
●根の深さ：230cm

◀花。尾のようにたれさがってさきます。お花とめ花が分かれています。

◀実。かたい実のドングリをつけます。

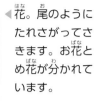

▲北海道美瑛町の親子の木。3本のカシワの木がなかよくならんでいます。

根。クロマツと同様に直根型の深根性とされていますが、その土地にてきおうして、ななめ下方向へ成長する斜出根型にも変化できます。

コナラ

ブナ科の落葉・広葉樹。どんぐりの木として知られるコナラは、日本各地に広がって生育しています。シイタケの栽培用の木（原木）としても利用されています。

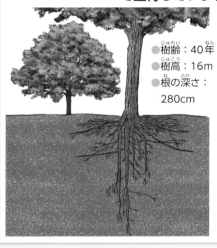

●樹齢：40年
●樹高：16m
●根の深さ：280cm

◀花。たれさがるようにさきます。お花とめ花が分かれています。

◀実。長いだ円形です。

▲シイタケの栽培。コナラの木などを使います

根。直根型の深根性とされています。コナラは根の力が強いので、山くずれをふせぐ役割をはたしています。

サクラ

バラ科の落葉・広葉樹。ヤマザクラなどの野生種と、「ソメイヨシノ」などの栽培用品種があります。川の堤防に植えられ、太い根で堤防を強くしています。

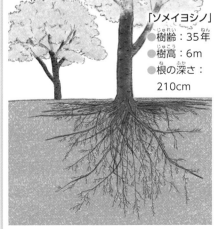

「ソメイヨシノ」
●樹齢：35年
●樹高：6m
●根の深さ：210cm

◀「ソメイヨシノ」の花。花びらが5枚のあざやかなべに色です。

◀実。赤から黒にじゅくします。

▲春の山をいろどるヤマザクラ（上）と花（右）。

根。太い根をななめ下方向に深くまで成長させる斜出根型で深根性の根系です。

イチョウ

イチョウ科の落葉・針葉樹＊。約2億年前から生えていて、「生きた化石」といわれています。葉の水の多さから火事をふせぐ木としても知られています。

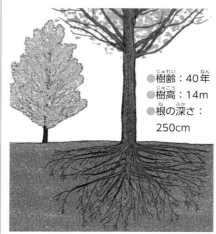

- 樹齢：40年
- 樹高：14m
- 根の深さ：250cm

▲実。

◀お花（上）とめ花（下）は別の木にさきます。

▲みきから出た気根。

根。深く根をはる直根型の根系を示します。みきからたれさがる気根が発たつすることもあります。

クスノキ

クスノキ科の常緑・広葉樹。葉に防虫剤になる成分がふくまれています。常緑樹ですが、新しい葉が成長すると古い葉が色づいて落ちます。

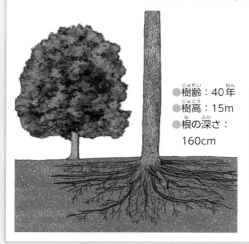

- 樹齢：40年
- 樹高：15m
- 根の深さ：160cm

◀花。黄色の小花が集まっています。

◀葉と実。黒い実がみのります。

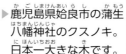

▶鹿児島県姶良市の蒲生八幡神社のクスノキ。日本一大きな木です。

根。水平根型とされています。蒲生の大楠の根は、深さ4m、水平方向に40m先までのびています。

樹木の根のはり方

樹木の根には、それぞれの樹種によっていろいろな形やのび方があります。大きく分けるとまっすぐ下にのびる直根型、水平に広がる水平根型、ななめにのびる斜出根型があります。

◀直根型（クロマツの根）

▲斜出根型（スギの根）

◀水平根型（ケヤキの根）

写真提供／平野恭弘

❻高山植物の根っこ

文／作家　小泉光久

高山植物は、森林ができなくなるさかい目（森林限界という・右図参照）より、高い場所に生えている植物のことをいいます。

高い山は、気温が低く、風や雪の影きょうを強く受け、低い草木が多く生えています。

地下部の根や茎は、それぞれの生育する環境に合わせて、形や生え方を変えて草木を支えています。

標高による植物の分布

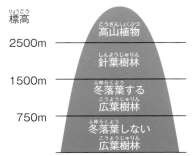

標高

2500m　高山植物

1500m　針葉樹林

　　　　冬落葉する
750m　　広葉樹林

　　　　冬落葉しない
　　　　広葉樹林

森林限界：北海道では、1000mぐらいまで下がる

＊図は本州中部の分布。中部から北に行くにつれて森林限界が低くなる

チングルマ

バラ科の落葉樹。背たけが10〜20cmの低い木で、本州中部から北海道までの高山に分布します。6〜8月ごろに小さくて白い花をさかせます。

▲白くてまん中が黄色のチングルマの花（円内）と、北海道の大雪山に広がる花畑。

▲種を遠くまで運ぶ綿毛

根。成長するにつれてえだがたおれ、地中にうもれて根がのびていきます。根からは新しいえだができ、花畑が広がっていきます。

コバイケイソウ

シュロソウ科。本州中部から北海道までの高山・亜高山に広く分布し、北海道では低地でも見ることができます。花は、数年に一度満開になり、多いときと少ないときがあります。

▲長野県霧ヶ峰の花畑（上左）と、茎の先についたコバイケイソウの白い花（上右）。

▲葉。長さ10〜20cmで、茎をつつむようについています。

根。太くて短い地下茎（地下にのびる茎）から根が出ます。根は太いひも状で、地下茎が地上に出ることをふせぎ、地中に引っぱりこむ役割をもっています。

コマクサ

ケシ科。ほかの植物が育つことができない岩場でも育ち、美しい花をさかせることから「高山植物の女王」といわれています。本州中部から北海道の高山に分布します。

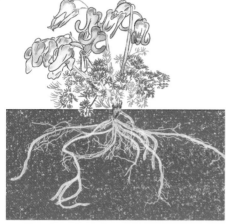

◀▲草津白根山（群馬県）の岩場にさくコマクサ（左）。いろいろな色の花があります（上）。

根。地上部は小さいですが、地下部はしっかり地下茎や根をのばし、深さ1m以上にものびることがあります。

シナノキンバイ

キンポウゲ科。中部地方から北海道の高山に分布します。名前にシナノがつくように長野県の高山に多く見られ、雪がとけたあとのしめった草原に生えています。

◀木曽駒ケ岳（長野県）にさくシナノキンバイ。

▲シナノキンバイの黄色の花と茎の上部ののこぎりのように切れこんだ葉。

根。太い茎をおおうように、地下でななめにのびます。
冬の地下茎には芽がついています。

シラネアオイ

キンポウゲ科。中部地方から北海道の高山・亜高山の森林などの、湿気の多いところに生えています。日本海側の森林や栃木県の日光白根山に多く見られます。

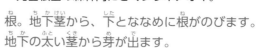

▲葉につつまれるように出てきたつぼみ。

▲紫色のシラネアオイの花（円内）と、日光白根山の森林内にさくシラネアオイ。

根。地下茎から、下とななめに根がのびます。
地下の太い茎から芽が出ます。

❼水の中で生きる植物の根っこ

文／作家　小泉光久

　湿地や水の中で生きる植物を水生植物といいます。

　水生植物には、湿地や浅い水中にからだの一部がある植物や、葉をうかせてどろの中に根をはる植物、葉をうかせてただよう植物、水の中にしずんでいる植物があります。

　海水に育つ植物もあります。

水の中で生きる植物

水生植物
- 湿地に生える植物：イグサ、ミソハギ
- 浅い水中に生える植物：カキツバタ、オモダカ
- 葉をうかせて根をどろの中にはる植物：ハス、スイレン
- 葉をうかせてただよう植物：ホテイアオイ、ウキクサ
- 水の中にしずんでいる植物：マツモ、クロモ

海水に育つ植物：ワカメなど

イグサ

イグサ科。日本全国の川や池、湿地に自然に生えています。たたみやしき物などに利用するイグサは、田んぼで作られます。

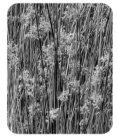

▲花。茎の先たんにつけます。

▲田んぼに植えられたイグサ（上左）とほりだしたイグサの根（上右）。12月に苗を植え、1年半かけて育てます。

根。どろの中に短くはう茎から根が出ています。茎からえだ分かれするので、たくさんの根が広がっていきます。

カキツバタ

アヤメ科。北海道から九州までの浅い水中や湿地に生えています。花が衣服をそめる染料に使われ、地下茎は薬用に用いられています。

白いすじ

黄色のすじ

あみ目状のもよう

▲花。同じアヤメ科の植物にはカキツバタ（上左）、ショウブ（上中）やアヤメ（上右）があり、それぞれ花に特ちょう（○印）があります。

根。地下茎から細い根が出ます。地下茎はせんい（細い糸のようなもの）でおおわれ、寒さに強く、どろの中にはっています。

ハス

ハス科。日本には縄文時代に伝わり、鑑賞用（見て楽しむ）として育てられていました。その後、どろの中にのびる茎をレンコンとして利用するようになりました。

▲レンコンのあな。中心に1個とまわりに9〜10個あいています。

▲レンコンの花。花も葉も水面からのびています。

根。どろの中にのびた茎の節から根を出します。茎の中には空気の通り道になるあながあいています。種からも芽が出ますが、実さいの栽培では、茎の先たんに出た芽を苗として使います。

ウキクサ

サトイモ科。全国各地の田んぼやぬまなどの水面に、葉をうかせて生育しています。秋になるとすがたを消し、種か芽をもたない根で冬をこし、春にふたたび芽を出します。

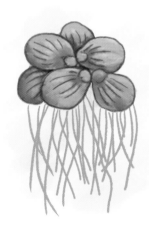

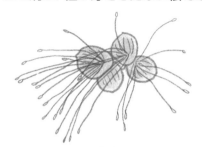

▲ウキクサの葉状体のうら。

▲田んぼのウキクサ。イネの雑草で、ふえすぎると成長をさまたげます。

根。直径3〜10mmぐらいの葉状体（茎と葉の区別がないもの）から、長さ2〜5cmの根を4〜十数本水中にのばします。

ワカメ

チガイソ科の海藻。日本海や太平洋に生えていて、食用になっています。海藻は、胞子（なかまをふやすときの細胞）によってふえます。

▲海藻にはワカメ以外にコンブ（上左）やヒジキ（上中）、テングサ（上右）などがあります。

根。ふつうの植物の根にある養分を通す管をもっていないので、仮根とよばれています。ワカメが流されないように海底の岩場にしがみついています。

＊水生植物は、海からあがり、ふたたび水の中で生育する植物です。そのため、もとから海水にいる植物の海藻とはちがいます。

さくいん

写真提供／東北大学 藤井伸治：p.18／根が重力方向にのびる仕組み、PIXTA：p.9／イモ田楽、クズ、p.21／ヒマワリの花、p.25／トウモロコシのひげ、p.32／サツマイモ苗、p.33／サトイモの花、p.35／クリの実・ブドウの花、p.39／ブナの花、ケヤキの若葉・実、p.40／シイタケ栽培、コナラの花、カシワの花、p.41／イチョウ気根・め花、p.42／コバイケイソウの花畑、p.43／シナノキンバイの花、シラネアオイの花

図・イラスト提供／Morohashiら, New Phytologist 215: 1476-1489 (2017)：p.19／キュウリの根、obayashiら, Physiologia Plantarum 165: 464-475 (2019):p.19／イネ芽生え、勝山秀幸：p.4、p.5／イネ・ハクサイ、p.22／シロツメクサほふく茎、p.37／接ぎ木

参考資料

『日本草本植物根系図説』（平凡社）：p.23／ススキ、p.42／チングルマ、コバイケイソウ、p.43／シナノキンバイ、シラネアオイ、『最新 樹木根系図説 各論』（誠文堂新光社）：p.34-37／各果樹の根、p.38-41／各樹木の根、『農業技術大系』（農文協）／p.26-29／各野菜の根、『日本水生植物図鑑』（北隆館）：p.44／カキツバタ、p.45／ウキクサ

◆監修　**中野明正**（なかの あきまさ）

1968年山口県出身。1992年京都大学大学院修了、2001年農学博士（名古屋大学）。農林水産省農業環境技術研究所、野菜茶業試験場、農研機構等で園芸作物の生産技術に関する研究に従事。その間、農林水産省農林水産技術会議事務局等に勤務。2020年千葉大学学術研究・イノベーション推進機構を経て、2023年より千葉大学大学院 教授。根研究学会会長（2022〜2023年）。

◆編集協力　**根研究学会**（ねけんきゅうがっかい）

◆制作・文　**小泉光久**（こいずみ みつひさ）

國學院大學経済学部卒業。団体職員を経て制作・執筆業にたずさわる。著書『根っこのえほん（全5巻）』（大月書店、第19回学校図書館出版賞受賞）、『おいしく安心な食と農業（全5巻）』（文研出版）他。

◆文

千葉大学 教授　中野明正、クリエイター　村井茶都、名古屋大学 准教授　平野恭弘、株式会社いけうち　彦坂陽介、名古屋大学 教授　犬飼義明、名古屋大学 助教　仲田麻奈、千葉大学 特任教授　髙橋秀幸

●表紙写真提供
　　株式会社いけうち　彦坂陽介（きりの中の根）
　　小泉光久（ヒメジョオンの根）
　裏表紙写真提供
　　小泉光久（エノコログサ）
●装丁・デザイン　ニシ工芸株式会社（西山克之）
●まんが　勝山英幸
●イラスト　たかいひろこ

根っこのふしぎな世界

根っこってなんだろう？
おいしい根っこのひみつは？
くらしと根っこはつながっている？
根っこのふか〜い世界

全4巻セット価格：13,200円
（本体 12,000円＋税 10%）
ISBN　978-4-580-88769-5

【根っこのふしぎな世界】

根っこのふか〜い世界

ISBN　978-4-580-82600-7
NDC470 ／ C8345　48P　30.4×21.7cm

2024年1月30日　第1刷発行

監　　修　中野明正
制 作 ・ 文　小泉光久
発 行 者　佐藤諭史
発 行 所　文研出版
　　　　　〒113-0023　東京都文京区向丘2丁目3番10号
　　　　　〒543-0052　大阪府大阪市天王寺区大道4丁目3番25号
　　　　　電話 (06) 6779-1531　児童書お問い合わせ (03) 3814-5187
　　　　　https://www.shinko-keirin.co.jp/
印刷所／製本所　株式会社 太洋社